# 热与能量

撰文/李玉梅　　审订/陈炳辉

中国盲文出版社

# 怎样使用《新视野学习百科》？

> 请带着好奇、快乐的心情，展开一趟丰富、有趣的学习旅程！

**1** 开始正式进入本书之前，请先戴上神奇的思考帽，从书名想一想，这本书可能会说些什么呢？

**2** 神奇的思考帽一共有6顶，每次戴上一顶，并根据帽子下的指示来动动脑。

**3** 接下来，进入目录，浏览一下，看看这本书的结构是什么，可以帮助你建立整体的概念。

**4** 现在，开始正式进行这本书的探索啰！本书共14个单元，循序渐进，系统地说明本书主要知识。

**5** 英语关键词：选取在日常生活中实用的相关英语单词，让你随时可以秀一下，也可以帮助上网找资料。

**6** 新视野学习单：各式各样的题目设计，帮助加深学习效果。

**7** 我想知道……：这本书也可以倒过来读呢！你可以从最后这个单元的各种问题，来学习本书的各种知识，让阅读和学习更有变化！

## 神奇的思考帽

客观地想一想

用直觉想一想

想一想优点

想一想缺点

想得越有创意越好

综合起来想一想

? 生活中哪些东西会产生热能？

? 什么时候你会觉得热？

? 哪些事物要有热能才可以运作？

? 如何才能防止天气越来越热？

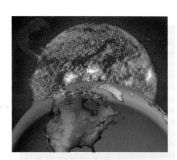

? 寒冷的冬天有什么不需要用电的保暖方法？

? 热能无所不在，想想看，在一天的生活中，哪些事情和热能有关？

# 目录

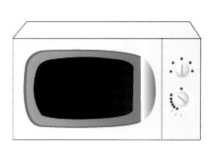

神奇的思考帽

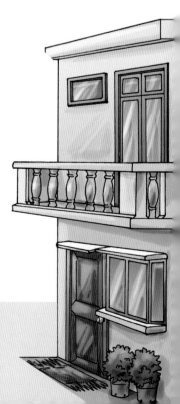

# CONTENTS

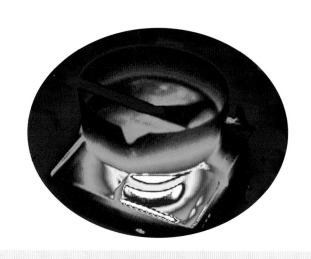

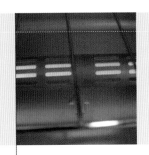

# 充满能量的世界

按下开关点亮电灯、饥肠辘辘时吃汉堡、被寒风吹袭时不停地发抖、骑自行车、晒晒太阳……这些看似不相干的事，其实都跟能量有关。

火柴燃烧时，是一种剧烈的氧化反应，构成火柴棒的碳水化合物会与氧结合，转变成二氧化碳和水蒸气，并放出光能与热能。

## 形形色色的能量

这个宇宙是由物质与能量所组成。物质是由元素依据不同的方式组合而成，具有质量，占有空间，自然界的矿物和动植物都是物质；能量则没有质量，也不占有空间，当物质发生变化时，一定伴随着能量的改变，甚至没有物质的地方，也有能量存在，能量可以说是无处不在。

生活中常见的能量包含动能、势能、

电能、电磁能、化学能、核能与热能等。动能和势能与物质的运动状态或位置有关，或与物质对外所做的功相关；光、微波等都是电磁波，微波炉、手机、X光都是电磁能的应用；运动中的带电粒子会产生电能，可让电器运转；化学能储存在物质中，在化学变化时释放出来；核能是储存在原子核中的巨大能量，只有在核反应时才会释放；热能则与生活息息相关，可将食物煮熟，地球上主要的热能来源来自于太阳。

地热遇到地下水，可产生大量水蒸气推动发电机。冰岛的地热发电可提供全国约17%的电力。（图片提供/维基百科）

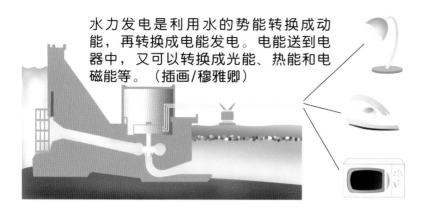

水力发电是利用水的势能转换成动能，再转换成电能发电。电能送到电器中，又可以转换成光能、热能和电磁能等。（插画/穆雅卿）

## 千变万化的能量

地球的能量大多源自于太阳，太阳不断进行核融合反应（核能），释放出光与热。植物吸收了阳光，借由光合作用将光能转换为化学能，再合成葡萄糖和各种植物组织，植物死亡后形成的化石就是煤，煤燃烧可产生热能；动物以植物为食，死亡的动物经过千万年适当的温度、压力与微生物作用后，转化成石化的原料，是现代人重要的能源。

不同形式的能量彼此间可以转换。例如，高处的水具有重力势能，当水往下流时，重力势能就转化成动能，推动发电机器，这时动能又转变成电能。通过电器，电能又可转换成不同形式的能量。例如，灯泡将电能转

射箭时，体内的化学能使肌肉收缩，将弓向后拉，箭因此获得势能；当手放开时，箭的势能转换成动能，朝箭靶的方向射去。

## 热力学第一定律：能量守恒

热力学是专门研究能量特性的一门科学，特别是热能与其他能量的关系，一共有三大定律以及一个重要的前提。热力学第一定律也被称为"能量守恒定律"。能量守恒定律告诉我们，在一个密闭的系统内（如宇宙），虽然能量的形式可以改变，但是宇宙中的总能量却是不变的；也就是说，当有某一种形式的能量增加时，必定会有其他形式的能量减少了。

太阳内部的核反应，放出的能量提供了所有地球生命的能源，是地球最重要的热能来源。（图片提供/NASA）

换成光能（光能也是电磁能的一种）；电锅将电能转换成热能；微波炉则将电能转换成微波，也就是电磁能。

# 人类运用热能的历史

在各种形式的能源中，燃烧产生的火是人类较早开始利用的热能，人类用火的历史也正是文明的发展史。至今，火只是生活中热能来源的一部分，许多电器都能将电能转换成热能。

左图：人类利用铜的历史很久远，大约在公元前5,000年就开始运用。图为希腊克里特岛的古铜块。（图片提供/维基百科，摄影chris 73）

右图：尼安德特人出现在距今约10万年前的欧洲与西亚地区，他们能利用工具生火，用来煮食、取暖。（图片提供/达志影像）

## 火与人类文明

考古学家发现，在原始人类还不懂得生火时，就已经知道利用雷电、火山熔岩等自然生成的火。距今50万年前的北京人，已经利用火来取暖、照明、驱逐野兽，他们以火来加热食物，是人类从生食时代进入熟食时代的里程碑。

铁器熔点较高，因此人类一直到公元前1,000多年前才掌握了利用铁的技术，至今铁还是人类不可或缺的金属材料。（图片提供/达志影像）

冶金术的发展则是人类运用热能，使文明更上一层楼的成就之一。冶金术是利用高温与还原剂，将矿石中的金属氧化物和硫化物还原成金属。碳是最常使用的还原剂，因为它普遍存在于燃料中，除了可以燃烧产生高温，还可与金属氧化物中的氧结合，形成二氧化碳，同时，让金属氧化物失去氧，还原成金属。

考古学发现，至少在公元前5,000年前就有简单的冶金术。大约在公元前3,500年，亚洲的一些地区已进入青铜器时代，青铜是铜与锡的合金，比纯铜更坚硬。大约在公元前1,200年，人类更进一步进入了铁器时代。冶金术的演进，使人类能够制造出优良的工具与精致的艺术作品。

## 现代生活中的热能

早期家庭中的热能主要是燃烧木材或煤炭，后来演变到煤油、煤气、天然气、生质燃油（甲醇或乙醇）等各种燃料，至今液态煤气与天然气仍是烹饪的主要燃料，许多寒冷的地方也以它们作为暖气的燃料。不过，基于煤气与天然气容易引起气爆与火灾，许多国家改以电作为产生热能的来源，电炉、电磁炉、微波炉、电热水瓶、电暖气等，都是发热或保温的电器。

## 绿色建筑

1980年，世界自然保护联盟（IUCN）在《世界自然保护大纲》中首次提出"可持续发展"的概念，呼吁全世界重视地球的

绿色建筑能充分利用自然资源，减少能源消耗，是解决温室效应的措施之一。（图片提供/达志影像）

资源耗竭危机，"绿色建筑"的概念也应运而生。绿色建筑又被称为"生态建筑"，强调减少资源浪费、降低生态负担、提升环境品质，因此多采用石头、木材、金属和玻璃等自然建材，在能源的使用上，非常注重效率，并且避免对自然环境的危害。绿色建筑通常善用自然能源，除了利用太阳能与风力发电，以供应建筑物内外所需的热水和家用电器，还比较注重采光、通风与隔热，有效降低室内照明与空调设备的需求。

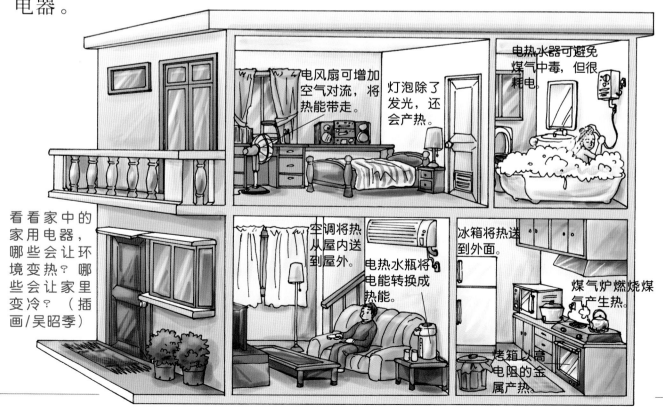

看看家中的家用电器，哪些会让环境变热？哪些会让家里变冷？（插画/吴昭季）

# 热本质的研究发展

（焦耳，1818—1889，图片提供/维基百科）

数个世纪之前，科学家就对"热"的本质产生了兴趣，不过却是众说纷纭，一直到19世纪中叶，才清楚热是一种能量的形式。

## 热质学说

"热"究竟是物质还是能量，一直是许多科学家研究的课题。早在公元前500年，希腊的哲学家赫拉克里特斯就曾提出：热的本质与流动的火有关。18世纪时，法国科学家拉瓦锡认为，热是

拉瓦锡（1743—1794）最重要的研究是燃烧，但他对燃烧产生的"热"，却有错误的理论。（图片提供/达志影像）

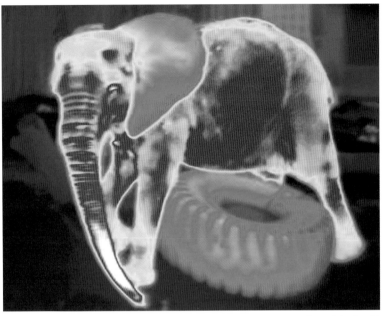

从这张大象的"红外线摄影温度显像图"中，可知所有物质都能放出热能，热是一种能量，而不是一种物质。（图片提供/达志影像）

一种不可见、无重量的流体，称作"热质"，所有物质里都含有热质，且热质会从高温处流向低温处。

拉瓦锡研究物质特性时，提出"物质不灭"定律（又称质量守恒定律），他认为热质和物质一样守恒不灭。拉瓦锡对化学实验方法有卓越的贡献，热质说是当时最重要的"热"理论，但后人证实热质说并不正确。

## 热是一种能量

17世纪初，英国科学家培根就曾提出，热是物质的粒子运动造成的。虽然

这个论点受到17世纪中叶的著名科学家波义耳与虎克的支持，但多数人依然认为热是一种物质。1789年，汤姆生以金属在水中磨钻钢炮，发现周围的

汤姆生（1753—1814）任慕尼黑的兵工厂监督时，发现大炮钻孔时会产生热，因此他认为热可由运动产生。（图片提供/达志影像）

水温上升，但钢炮却没有热质流失的现象说明热并不是物质。汤姆生的实验启发了19世纪的英国科学家焦耳与德国科学家克劳修斯，他们确认了热是一种能量，可以由摩擦、做功，以及其他形式能量的转换产生。

现在的科学家更进一步确认，热是因粒子运动所产生。固体物质的粒子虽然被限制在固体晶格当中，但是仍然会持续地振动；液体的粒子运动较自由，可以在容器中移动、振动与转动；气体的粒子最为自由，可以在三维空间中快速地移动、振动与转动。

在双手互相摩擦的过程中，动能转换成热能，手掌温度也因此升高，这就是摩擦生热的原理。（插画/吴昭季）

## 热力学第二定律

热力学第二定律说明的是能量转换时的特性。当能量的形式转换时，一个系统任何形式的能量都可以百分之百地转换成热能的形式，简单地说，就是让系统的温度升高或维持系统一直比外界高的温度，譬如说人在冬天里体温还是不变；但是热能以外的能量在转换时，一定有部分会转换成热能。例如，干电池在使用一段时间后摸起来会热热的，就是因为储存在干电池内的化学能除了转变成电能外，同时也有一部分转变成了热能。因为热能很容易散失，不易有效利用，因此许多电器产品的设计都尽量避免能量转换时产生过多的热能，同时也要设计适当的冷却系统，避免机器过热。

电器在运行时，部分电能会转换成热能。因此，灯泡越热，表示发光的效率越差。

# 热能与功

能量是指有能力"做功"的物理量，但"功"究竟是什么东西？热能与功又有什么关系？

## 什么是功

"功"的定义源于力学，当对有质量的物体，施加F的力，物体沿施力方向移动S的距离，这个力就对物体做了W的"功"，以公式表示就是W＝FS。势能与动能做的功是力学功，弹簧与轮轴就是力学功的应用；带电粒子在电场中，受电力作用移动，做的是"电

功最早是根据力学功来定义的，当物体沿施力方向移动时，就表示做了"功"。（图片提供/达志影像）

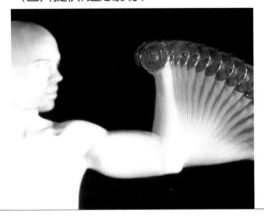

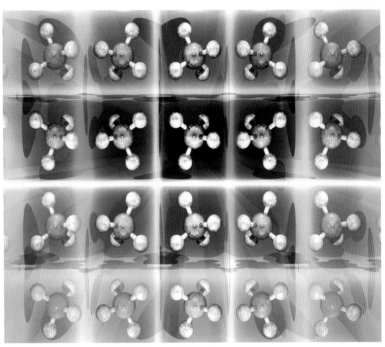

以电脑模拟20个甲烷（$CH_4$）分子构造。在甲烷分子中，原子之间可以转动、振动、移动等，使分子产生动能。（图片提供/达志影像）

功"；将密闭活塞中的气体加热，气体受热膨胀，推动活塞，做的功称为PV功，其中P是指压力（pressure），V则是指体积（volume），也就是借由气体压力与体积改变所做的功。

## 内能、热能与功

能量不会无中生有，也不可能凭空消失，一个系统内的能量（称为内能）是不变的；只有通过热与功的输入或输出，系统的内能才会改变。内能、热能与功的关系，可以经由密闭活塞中的气

在一个密闭的活塞中，气体的内能是固定的，气体受热，内能增加时，活塞就能够做功。（插画/穆雅卿）

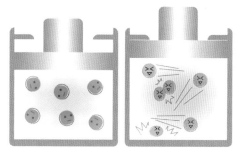

体来了解。

在系统中，内能是活塞里气体粒子的能量，主要是粒子的动能。当加热活塞并施加外力不让活塞移动时，气体的粒子因获得热能而加速运动，温度也会升高，内能也就增加了；这时若不施加外力，气体粒子就能推动活塞，借由活塞对外做功，使内能释放出去。

## 热功当量

焦耳对功与热量的研究贡献很大，因此以他的名字作为功的单位；而卡

科学家发现电能可以转换成热能。在电器中，烤箱几乎能将所有的电能都转换成热能。（摄影/巫红霏）

路里（简称卡）则是热能的单位，常用于食物所含的热量。焦耳经实验发现，1卡的热量可做4.18焦耳的功。之后的科学家也设计出将电能完全转换成热能的实验，并发现4.18焦耳的电能可转换成1卡的热能，"1卡等于4.18焦耳"被称为热功当量。

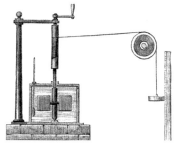

焦耳设计出一个机械，利用秤锤的重力来转动扇叶，搅动容器中的水，他发现秤锤下降可使水温升高。（图片提供/维基百科）

### 电阻与发热

金属可以导电是因为电子可以在金属内自由移动，不过电子在金属中移动时也会有阻力，称为电阻。电阻会将电能转为

电阻是电子与物质粒子间的碰撞，当电阻大时，电子不易通过，因此产生大量热能，早期的电炉便以高电阻的金属发热。（图片提供/达志影像）

热能，电阻越大的金属在导电时产生的热能越多。大部分电器都会尽量减少电阻，以免太多的电能转换成热能，而不是用于做功。不过有些电器主要的功能就是加热，例如电汤匙、电热水壶与电锅等，因此要利用电阻很大的金属导体或半导体，通电后才能产生大量热能。

# 温度与温度计

摆起来比较烫的东西可不一定就有比较高的温度哦！因为冷热的感觉是相对的，要正确地测量温度，得用适当的温度计。

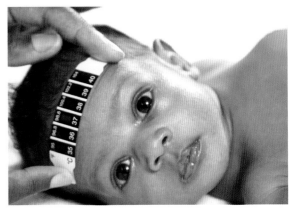

液晶温度计通常是将几种不同的液晶涂在同一张纸上，不同液晶变色的温度不同，看哪一种液晶变色，就可测得温度。（图片提供/达志影像）

## 温度与热平衡

物质中粒子的平均动能和温度有关，粒子的动能越高，温度就越高。热能会由高温处往低温处流动，直到温度相同，也就是达到"热平衡"状态，这种现象称为"热力学第零定律"。热量研究需要测量温度，温度计是很重要的工具。

双金属温度计是利用两种不同的金属，在温度改变时膨胀程度不同来测温，常用来测量烤肉内部的温度。（图片提供/达志影像）

## 温度计

温度计的种类繁多，主要以物质受热时状态的改变来设计，最常利用的是热膨胀的原理。16世纪末，伽利略根据空气热胀冷缩原理，制作出以数字表示的温度计；至于常见的水银温度计，是18世纪初德国人华氏所发明，他以水银或液态酒精为测温物质。

电阻温度计是利用金属电阻随温度改变的原理制成，具有准确、稳定、测量范围大（可从－100℃到数百度）、反应快等优点，常用于工业测量与电子仪器。此外，工业上还常用到测量范围更大的热电偶温度计。生活中，还有红外线温度计、液晶温度计与双金属温度计等。

伽利略曾提出利用气体受热膨胀、浮力增加的原理来测定温度。图为后人模拟的伽利略温度计。（图片提供／维基百科）

## 温度的单位

目前常见的温度单位有摄氏、华氏与开氏3种温标。18世纪的瑞典天文学家摄氏，首先提出将水的冰点设为零度，并将冰点与沸点之间等分成100个刻度，现在摄氏温标通行国际，以℃表示。华氏温标以℉表示，是德国科学家华氏在1724年提出的，他将水的冰点与沸点间划分成180个刻度，冰点为32℉，沸点为212℉。开氏温标以K表示，是7个基本国际单位（SI）之一，也是科学家采用的温标。开氏温标的度与摄氏温标相同，但是水的冰点设为273.15K，沸点则为373.15K，零度称为绝对零度。

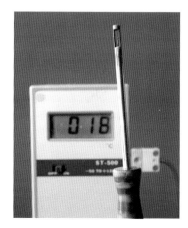

大多数温度计都是利用液体热胀冷缩的原理，因此温度计设计时，多采用毛细管，以增加敏感度。（图片提供／欧新社）

### 绝对零度与热力学第三定律

绝对零度也就是0 K，相当于－273.15℃，是理论上物质能够达到的最低温度。热力学第三定律告诉我们：绝对零度时完全没有热能，所有组成物质的粒子都停止运动，并且处于完美的结晶状态。目前科学家还没有办法制造出处于绝对零度的物质。

热电偶温度计是利用金属在有温度梯度的环境中会产生电位的特性来测量温度，感测范围很大。（图片提供／达志影像）

# 热传导

热的传播方向只有一个，就是由高温传向低温，而热能的传播途径却有3种，分别是热传导、热对流与热辐射。固体的主要传热方式是热传导，热能经粒子的振动来传递。

热以传导的方式传播，是由高温的一端逐渐传到低温处，因此接近火源的冰柱会先熔化。（图片提供/达志影像）

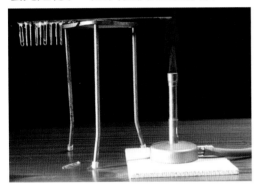

## 固体的导热性

物质的粒子具有较高的热能时，会经由碰撞将热能传给邻近的粒子，这就是热传导。由于固体的粒子无法自由移动，因此主要靠热传导来传热。

固态金属不但是良好的导电材料，同时是绝佳的传热材料，一般来说导电性越好的金属，导热性也越好。当你用铁汤匙搅拌热可可时，很快就会感觉汤匙变热，这是因为铁的传热快；而塑胶或木头等导热性低的绝热材料，可用来做锅柄，以免手被烫伤，但绝热材料并不是无法传导热，只是导热性较差。

物质的热传导能力可以用"热传导系数"来衡量，通常用k表示。k值愈大，热传导的能力愈好，通常金属的热传导系数都高于非金属；但是晶体非金属材料的热传导系数会高于金属，例如钻石的热传导系数远高于金属，这是因为晶体材料原子间的排列，就像骨牌一样，牵一发而动全身，热能的传递速度反而更快。

烤面包机内部以传导性佳的金属迅速加热吐司。（插画/邱静怡）

不同的材质有不同的热传导系数，当铁锅温度上升时，非金属的锅柄和汤匙温度较低。（图片提供/达志影像）

## 热传导率

17世纪英国科学家牛顿发现，物质热量散失的速率与物质和环境的温度差有关，温差越大，冷却速率越快，称为牛顿冷却定律。例如：一块重100克的40℃铜块，与一块相同重量的80℃铜块，一起放在25℃的房间中，那么80℃的铜块会冷却得较快。而哪一块铜块会先冷却到室温呢？当然是40℃的铜块！别忘了，虽然一开始80℃铜块的冷却速率高，但在冷却过程中，它与环境的温差会逐渐变小，热传导率（冷却速率）也越来越小。

### 怎么穿最好

棉、麻、蚕丝、羊毛等天然纤维制成的衣物，穿起来通常比人造纤维舒适，因为天然纤维通常较透气、吸汗、保暖与柔软。一般来说，夏天的衣着首重排汗与散热，让体热可以快速传至周围空气；冬天衣着则首重保暖，减低将体热传导至周围冷空气的速率。随着石化与纺织纤维科技的进步，人们开发出许多功能性化学纤维。在户外进行登山、攀岩等耗费体能的活动时，除了要保暖，还要具有快速排汗、快速干燥等功能。

羽绒服传导系数低，在冬天穿可减少体热散失到外界，因此有保暖的功效。

铁锅受热时，铁锅的粒子剧烈振动，再碰撞邻近的粒子，使其他的粒子也加快振动，热便向前传导。（插画/穆雅卿）

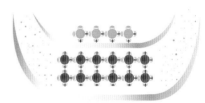

18世纪的法国科学家傅立叶发现，若物体的一端温度高于另一端，那么热量会由温度高的一端传导向温度低的一端，而且两端的温差越大时，传导的速率越快。这就是著名的热传导定律，也称傅立叶定律。

石棉的热传导系数低，早期用作隔热的建材，但后来研究发现石棉纤维会致癌，现在许多国家已禁用石棉。（图片提供/维基百科）

# 热对流

夏天将冷气打开，若觉得凉得不够快，可将风扇拿到冷气的出口处对着房间吹，一下子在整个房间的每个角落都会觉得舒服很多，是什么使得整个房间迅速降温？正是因为"热对流"——流体重要的传热方式，它让室内的每一个空气分子快速达到热平衡。

## 流体的传热

流体的粒子具有流动的特性，流体受热后膨胀，密度因而变小，受到浮力作用上升，而温度低、密度大的流体则因重力向下沉，形成流动的循环，这就是热对流现象的一种，通常称为自然对流。若用风扇或其他流体机械来传输流体，可增加温度高的粒子与温度低的粒子相遇的机会，则称为强制对流。对流使温度高的粒子与温度低的粒子相遇，热从高温的粒子传给低温的，一直到整个流体内的温度相同为止。

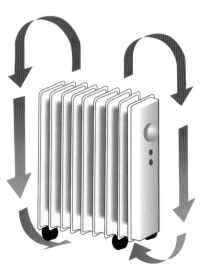

叶片式电热器以热辐射加热叶片间的空气，热空气上升，冷空气由下方流入，热对流使整个屋内变暖。（插画/穆雅卿）

烧烤用的火炉在底部开口，这样可以带动空气的热对流，使炉内不断有新鲜的空气进入，补充燃烧所需的氧气。（图片提供/维基百科）

## 水的热对流

寒冷的冬天，水中生物如何避免受冻？靠的就是物质与能量的两个特性：水的热对流现象与液态水的密度。

大部分物质都有受热膨胀、遇冷收缩的现象，但是这个现象对液态水来说只对了一半。液态水在4℃时密度最大，为1g/cm³；当温度高于4℃时，液态水有热胀冷缩的现象，但0℃—4℃之间的液态水，却是冷胀热缩。

在冰冻的湖中，冰层下仍有4℃的水供鱼类生存。
（插画/穆雅卿）

严寒的冬天来临时，空气会比湖水的温度先降低，因此越接近湖面的湖水，温度下降越快。当湖面水温降至4℃时，因为湖面的水密度比底层水大，因此开始下沉，引起对流。即使湖面的水结成冰，冰层下的湖水对流现象仍会继续，使底层水温维持在4℃，在这里水中生物就能避免受冻。

地球内部的高温使得地核呈熔融状态，地幔产生对流时，就会造成大陆漂移。
（图片提供/达志影像）

## 地球内部的自然对流

根据估计，地核的温度高达2,000℃—5,000℃，主要成分是铁、镍等。由于内核的温度比外核高，地核中熔融状的物质会往上方的地幔流动，当抵达地幔时，密度因冷却而变大，并逐渐下沉。地幔的软流圈也不断进行缓慢的热对流，使得浮在软流圈上方的地壳跟着移动，造成大陆漂移现象。

## 动手做走马灯

什么是空气对流？用口说不如动手做，自己做一个走马灯，你就会发现对流的秘密！材料：纸张或塑胶片、木条、蜡烛、钉子、粘合剂、竹签。

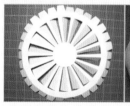

1. 在直径约12厘米的圆纸片上，用刀片切割开，并向下摺，做成如上图的盖子。

2. 在长方形纸片上画上小猪的图案，顺着圆纸片周围粘贴牢固，并将暗扣固定于圆纸片上。

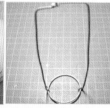

3. 用铁丝制作支撑架，并将支撑架置于灯座上，再将支撑架与灯盖上的暗扣结合在一起。

插上电源等待灯泡温度上升，走马灯就完成了！

（制作/杨雅婷）

# 热辐射

太阳与地球距离约1.5亿千米，中间绝大部分地方几乎没有物质。那么，太阳的热量是如何穿越这些真空地带而抵达地球的呢？答案就是"热辐射"。

## 热能与电磁能

"热传导"与"热对流"都需要有物质作为传递热能的介质，而"热辐射"则是不需要介质的传热方式。热辐射其实是一种电磁辐射，也就是说热能也可以用电磁波的方式来传递。

所有的物体都会发出电磁波，科学家发现，

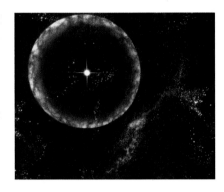

我们在天空看到的各种星体大多是恒星，呈现的颜色和恒星表面的温度有关。（图片提供/欧新社）

物体表面的温度越高，发出电磁波的平均波长就越短，同时平均强度也越高。当恒星的表面温度达到25,000K以上时，波长短的蓝色可见光的强度最强，因此看起来呈蓝色；若恒星表面温度为2,500K—3,500K之间，波长较长的红光强度最强，因此看起来呈红色。钨丝灯的温度约在此范围，因此是呈偏红的光源。

我们周围物体的温度通常只有数百K，因此发出的电磁波大都落在波长更长、不可见的红外光。事实上，只要物体温度高于绝对零度，就会辐射出红外线，所以红外线也被称为热线。

地球的热能大多来自太阳，传播的方式主要是依靠热辐射，热辐射可以穿过真空，但无法穿透不透明的物质。（摄影/巫红霏）

## 恒星光谱

| 分类 | 温度 | 颜色 |
| --- | --- | --- |
| O | 30,000—60,000 K | 蓝色 |
| B | 10,000—30,000 K | 蓝白色 |
| A | 7,500—10,000 K | 白色 |
| F | 6,000—7,500 K | 黄白色 |
| G | 5,000—6,000 K | 黄色 |
| K | 3,500—5,000 K | 橙色 |
| M | 2,000—3,500 K | 红色 |

## 生活与热辐射

由于热辐射不需要介质，只要有物质存在的地方就有热辐射，因此可广泛应用于生活中。

红外线侦测技术是利用仪器感测物体发出的热辐射，再将它转成适当的电子信号或影像，目前已经开发出许多用途。在交通上，可用于高速公路上的电子收费系统（ETC）；在军事上，可用于夜间搜索与追踪敌人的夜视镜；生活中常见的各类遥控器与耳温枪，大多是利用微弱的红外线光束；目前在环境工程上，也积极发展以红外线感测来监控环境的技术。另

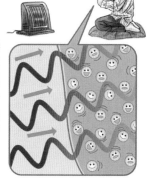

左图：许多遥控器都是利用红外线来传送信号，经由接收器，可控制玩具的动作。（图片提供/欧新社）

右图：电热器的热辐射，以波的方式将能量传到手的分子，使手温暖。（插画/吴昭季）

外，红外线光谱更是化学家鉴定化合物不可或缺的利器。

汽车装上红外线发射器后，经过ETC收费站时会发出信号，ETC就能直接从电子钱包扣除过路费。（图片提供/维基百科）

### 红外线光谱

许多有机化合物具有特定的"官能团"，每一种官能团都具有不同的性质，包括会吸收不同波数的红外光。例如醇类必定含有-OH基，会在波数

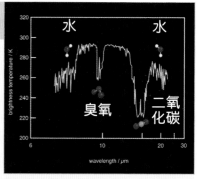

以红外线光谱做成分分析。水（$H_2O$）在左右各有一个吸收带，中间是臭氧（$O_3$）和二氧化碳（$CO_2$）。（图片提供/达志影像）

$3,300cm^{-1}$ 附近有宽广的吸收带；酮类必定含有C=O基，会在波数 $1,710cm^{-1}$ 附近有很强的吸收，同时在大约 $2,750cm^{-1}$ 附近有较弱的吸收；有机酸类则必定含有COOH基，会同时具有-OH基与C=O基的红外光吸收特性。红外线光谱仪可以侦测红外光的吸收，因此当化学家发现或合成出不知名的有机化合物时，常常依靠它来鉴定官能团，以判断该有机物的种类与结构。（波数为波长的倒数，也就是单位长度波的数目。）

# 热能与物质状态

冰淇淋拿在手上不久就开始融化，这是因为吸收了空气中的热，使冰淇淋的状态发生改变。大部分物质都有固态、液态与气态3种状态，而物质的状态与内部的热能有关。

## 温度与物质状态

物质受热后，粒子的动能增加，这时温度也跟着上升。持续加热固态物质，当粒子的动能大到足以挣脱固体晶格的束缚，固态物质就开始转变成液态，这个过程称为熔化，这时的温度称为"熔点"。同样的，液态物质受热沸腾转变成气态则称为汽化，沸腾时的温度称为"沸点"。

当物质的状态改变时，虽然不断地受热，但温度却保持不变，这时物质所吸收的热量称为"潜热"。每一种纯物质在常压下，都有固定的熔点、沸点与潜热，它们是判断物质的依据。

物质直接由固态变成气态的

在清晨的湖面常可看到水蒸气，这是因为水蒸发后，遇到冷空气，再度凝结成小水滴。

过程称为升华，干冰、樟脑丸与碘是少数可在自然环境中发生升华现象的物质。干冰是固态的二氧化碳，在常温常压下，会直接升华成气态的二氧化碳，由于比重比空气大，常用来制造舞台的烟雾效果。升华要吸收大量的热，因此干冰也可用来冷冻食材。

在1个大气压下，当水加热到100℃时开始沸腾，由液态变成气态。水蒸气的体积大、密度低，因浮力上升到水面。（图片提供/维基百科）

## 固体与流体

冰是固态的水，由于固体不易随环境改变形状，因此冰块便成为艺术

## 相图

相图的纵座标是压力，横座标是温度，有了物质的相图，我们就能清楚地知道物质在某种情况下的状态，是固态、液态，或是气态。以水的相图为例，我们可以看出在1个大气压下，0℃以下的水是固态；0℃—100℃之间的水是液态；100℃以上则是气态。当大气压力减少时，水的熔点和沸点都会下降。

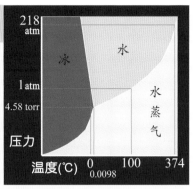

水的相图。水在4.58torr、0.0098℃时，有固、液、气态并存的三相点。（1大气压=760torr）

冰可以吸收空气中的热能，当冰的分子得到足够的能量，便能由固态转变成液态。（图片提供/达志影像）

家雕刻的素材，每年冬天，许多高纬度的城市都会举办冰雕艺术节。

液体与气体都具有可流动的特性，因此合称流体，它们的形状可随容器而改变。气体粒子比液体粒子自由，粒子间的束缚力很小，可占满容器的空间；液体粒子间的束缚力较大，因此只能存在容器的底部。

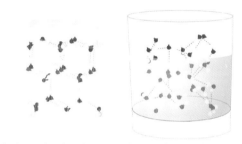

水在固态（左）和液态（右）时的分子排列。在液态时分子较自由，可以流动，固态时分子排列较紧密。（插画/穆雅卿）

气体的体积主要受到温度与压力两个因素的影响，温度升高会使气体的体积膨胀，压力升高则会缩小气体的体积，甚至变成液体。在常温常压下，煤气是气体的状态，但在高压下，气态的煤气就会变成液态，液化煤气就是利用钢瓶维持高压，以缩小煤气的体积，方便运送。

冰较容易塑形，因此许多北方的城市，在冬季都会举行雪祭或冰雕艺术节，图为日本札幌雪祭中的哈利波特造型。（摄影/巫红霏）

二氧化碳在平常的压力下，在-78.5℃就会升华成气体，必须加压到5.11大气压以上，才有液态的二氧化碳。

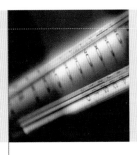

# 单元 10

# 比热与热含量

夏天许多人喜欢到海边活动，你知道为什么接受到同样阳光的海水与沙滩温度差异这么大吗？这是因为沙与海水的比热不同！

## 比热

"比热"是物质的物理性质，它是相同质量下，物质升高1K（也就是1℃）所需要的热量与水升高1K所需热量的比值。比热的单位为"千焦/千克·开"（kJ/kg·K），另一个常见的比热单位则是"卡/克·摄氏度"（cal/g·℃），水的比热为1cal/g·℃，等于4.18kJ/kg·K。

比热越小的物质受热后温度上升越高。沙的比热是0.67kJ/kg·K，而液态水的比热则是4.18kJ/kg·K，是沙

金属的比热较水低，因此温度升高时内能增加较少，高温的金属放入低温的水中，温度下降比水温上升的程度大。（图片提供/达志影像）

子比热的6.24倍。也就是说，相同质量的水与沙若从太阳得到相同的辐射热，沙子上升的温度会是水上升温度的6.24倍。

地表约有70%的面积被水覆盖，而水的比热较大，所以地球表面的温度可以保持稳定，很适合生物居住，因此水被认为

走在海边的沙滩上，可以感受到沙的高温与海水的冰凉，这是因为沙子的比热远小于水的关系，吸热和散热都较快。

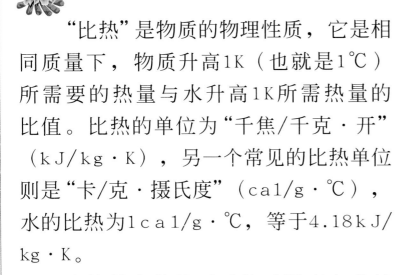

是生命起源的重要条件。沙漠地区地表缺少水，所以昼夜的温差大；在夏天，中午的温度可高达60℃—80℃，在夜间却可能降到10℃以下。

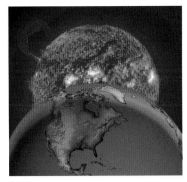

由于沙的比热小，温度的升降都很快，位于非洲的撒哈拉沙漠，是白天地表最热的地方。（图片提供/维基百科）

## 各种不同材质的比热

金 0.13　　　铜 0.39

铁 0.45　　　铝 0.90

玻璃 0.84　　　（比热单位为kJ/kg·K）

## 热含量

　　知道了物质的质量（m）与比热（c），也测量出温度的变化（$\Delta t$），就可以知道这个物质的热含量变化。物质热含量的变化=质量×比热×温度的变化量（$\Delta Q = mc\Delta t$）。例如加热1千克的水使它的温度由20℃上升至70℃，则水的热含量一共增加209千焦（1kg×4.18kJ/kg·K×50K＝209kJ）。

左图：水的比热较陆地大，接收同样的太阳辐射时，陆地温度上升比水快；由于地表有70%的水，因此可以维持地球稳定的气温。（图片提供/达志影像）

## 热量的测量——量热仪

　　量热仪是测量热量的仪器，依据用途不同会有不同的设计方式。以测量食物中所含的热量为例，先让食物在量热仪中与氧气结合，完全燃烧，因为量热仪是相当好的绝热装置，所以燃烧所放出的热量几乎完全被量热仪吸收，使量热仪的温度上升，然后就可根据量热仪的质量、比热，以及上升的温度，来计算食物燃烧所放出的热量。

食物的热量可以用量热仪来测量，热量越高的食物，燃烧时放出的热能越多。（图片提供/达志影像）

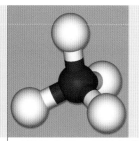

# 热与化学反应

（甲烷分子，图片提供/维基百科）

所有物质都是由原子所构成，物质内的原子是被化学键"绑"在一起的。当发生化学反应时，有些原子间的化学键"松绑"，称为断键，而原子重新排列后再"绑"在一起，称为键结。断键时会吸收能量，而键结时则有能量释放。

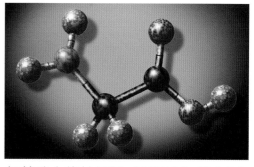

氨基酸中的甘氨酸（$C_2H_5NO_2$）是由2个碳原子、5个氢原子、1个氮原子和2个氧原子组成。原子间靠化学键组合在一起，有机物中以共价键居多。（图片提供/达志影像）

## 化学键与键能

离子键与共价键是两种重要的化学键。离子键主要存在于离子化合物中，其特性是在水中会断键，解离出阴离子与阳离子。食盐是最常见的离子化合物，但醋酸、盐酸、硫酸等酸性物质，虽然在水中也会解离出氢离子，却不是一种离子化合物。共价键主要存在于分子组成的各种物质中。这类物质千变万化，大部分有机物都是靠共价键将碳原子、氢原子与氧原子组合起来。

当原子间形成化学键时，会释放能量，至少必须加入相同的能量，才可能打断化学键，这个能量称为键能。离子键与共价键的键能在150—400kJ/mol之间，不同原子间形成的化学键，键能也不同。

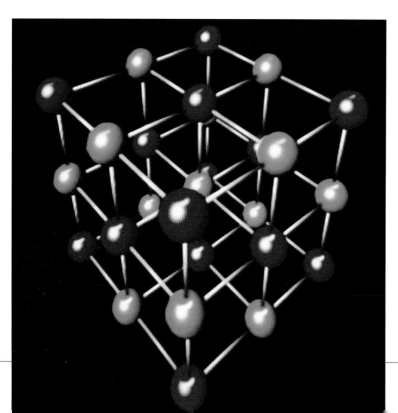

盐（NaCl）是最常见的离子化合物，原子间以离子键相连，在水中会解离成$Na^+$和$Cl^-$两种离子。（图片提供/达志影像）

## 放热反应与吸热反应

同时有可燃物与助燃物时，只要温度到达燃点，就会发生燃烧反应，并释放出热和光，这类释放能量的化学反应称为"放热反应"。燃烧是剧烈的放热反应，生锈与呼吸则是和缓的放热反应，这些反应都必须有氧气参与。至于需要吸收能量的化学反应则称为"吸热反应"。有些离子化合物溶解在水中是吸热反应，例如将食盐倒入水中，在溶解的过程中水温会稍微下降；而地球上最重要的吸热反应是光合作用，吸收的能量来自太阳光。

决定化学反应是吸热还是放热的关键是键能，如果反应物键能的总和大于生成物键能的总和，那么这个反应便是放热反应；反之，则是吸热反应。

植物吸收光能，将水和二氧化碳转化为葡萄糖，在反应过程必须吸收能量，是自然界最重要的吸热反应。（图片提供/维基百科）

### 温度与反应速率

化学反应发生时的温度并不会改变化学反应的放热或吸热，不过温度上升则一定会加速反应速率。化学反应发生的一个重要条件，是反应物的分子要碰撞在一起，当温度升高时，分子的动能增加，反应物分子彼此碰撞的几率就会增加，反应速率也就提高了。砂糖在热红茶中溶解的速率比冰红茶中来得快；温度每升高10℃，鸡蛋蛋白的变性速率加快约50倍。

左图：暖宝宝中含有铁、活性炭、无机盐等成分，当打开暖宝宝，其中的铁粉与氧气进行氧化反应，便释放出热能。（插画/吴昭季）

所有的氧化反应都是放热反应，其中燃烧是剧烈的氧化反应，可以释放大量的热能。

在冷水（左）和热水（右）中同时丢进1块方糖，在热水中方糖溶解的速度较快。（摄影/巫红霏）

# 生命与热能

有人形容人体是一座复杂的化学工厂，各种化学反应随时发生。人体内的化学反应汇总起来是吸热反应，所以我们要摄取食物，从中获取维持生理机能运作所需的热量。

人类活动必须耗费能量，而食物则是最主要的能量来源。一个人所需的能量与体重、生理状态有关。（摄影/张君豪）

##  食物与热量

我们每天从食物中摄取的6大营养素——糖类、脂肪、蛋白质、维生素、矿物质与水，前3类可以

每种食物含有不同的热量，面食中主要的营养物质是糖类，每克可提供4大卡的热量。（图片提供/达志影像）

提供热量，其中又以糖类为主要的热量来源。食物的热量储存于化学键中，在消化的过程中逐渐被释放出来。

食物所含的热量通常以大卡为单位，1大卡等于1千卡。1克的糖类与1克的蛋白质消化后，都可以提供约4大卡的热量，1克的脂肪则可提供约9大卡的热量。如果摄取的热量等于消耗的热量，那么体重将维持不变；若摄取的热量多于身体消耗，体重则会增加。

##  人体热量的消耗

人体摄取的热量主要消耗在3个方面：基础代谢、活动以及食物热效应。基础代谢量是生命所需的最低能量，不论醒着或睡着，人体都持续进行着各种化学反应，以维持基本的生命现象。一般而言，成人每千克体重每小时需要约1大卡的热量，所以一个70千克的成人，每天至少需要1,680大卡的能量。

此外，人体从事各种活动也需要热量，称为活动量，其大小与活动方式、时间和体形有关。慢跑比散步消耗更多能量；从事相同的活动，体形大的人消耗的能量比体形小的人多；另外，活动时间越长，消耗的能量也越多。

食物热效应是指消化食物，以及运送、储存、吸收、代谢营养物质所需的热量，占一天总热量需求的1/10。成长中的儿童与怀孕的妇女，因为要大量建构新的组织，需要摄取更多的热量。

当人类静止不动时，身体还是会持续进行呼吸、心跳、氧气运送、腺体分泌、肾脏过滤排泄等生理活动，这时消耗的能量称为基础代谢量。（图片提供/达志影像）

运动时大量的肌肉收缩，消耗较多的能量。运动员每天每千克需要的热量约40大卡，一般人只需25大卡。

### 需要赶快退烧吗

人体的正常体温是37℃。小孩子感冒发烧时，大人通常都会非常紧张，就怕烧坏了脑袋。不过，儿科医生告诉我们这是不正确的观念。发烧是身体对抗

体温升高可以增加代谢率，以加速产生抗体，因此不一定要急着退烧。（摄影/张君豪）

发炎与感染的一种反应，体温每上升1℃，基础生理代谢率会增加13%，如此可以加速免疫系统产生抗体，以对抗侵入人体的病原。不过如果发烧超过正常体温2℃以上，过快的基础代谢率会使身体非常不适。而且万一侵入的病菌是在脑部，就真的可能造成脑部的损伤。所以，发烧超过39℃时不但要赶快想办法退烧，更应尽快就医。

### 各种活动消耗的能量

|  |  |
| --- | --- |
| 爬楼梯1500级 | 250大卡 |
| 慢走（时速4公里） | 255大卡 |
| 慢跑（时速9公里） | 655大卡 |
| 跑步（时速12公里） | 700大卡 |
| 游泳（时速3公里） | 550大卡 |
| 骑单车（时速16公里） | 415大卡 |
| 网球 | 425大卡 |
| 桌球 | 300大卡 |
| 高尔夫球（走路背球杆） | 270大卡 |
| 有氧运动（轻度） | 275大卡 |
| 走步机（时速6公里） | 345大卡 |
| 跳绳 | 660大卡 |

体重68千克的成人，活动1小时消耗的热量。

# 热能的应用

18世纪时，英国人瓦特成功地改良了蒸汽机，人类可以更有效率地运用热能，也揭开了西方世界工业革命的序幕。

## 蒸汽机

蒸汽机主要的构造有锅炉与涡轮机两个部分。锅炉中的水加热沸腾，产生大量水蒸气，这些水蒸气进入涡轮机后，推动涡轮机内的叶片或活塞，转动的叶片带动轮轴，便可以做机械功。由于蒸汽机产生热能与做功的地方

瓦特发明的蒸汽机是外燃机，利用锅炉产生水蒸气，再将水蒸气导入涡轮机做功，热效率不高。（图片提供/达志影像）

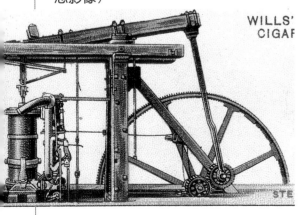

不同，因此蒸汽机也被称作外燃机。由于外燃机将热能转换成机械能的效率不高，同时设备十分笨重，所以应用的范围受到限制。

## 内燃机

在同一个地方产生热能与做机械功的机械，称为内燃机。内燃机是将化学能转为机械能的重要装置，它的热效率较高，构造也较精巧，机动车、飞机等交通工具都少不了它。内燃机的主要构造有气阀、活塞与气缸，运转时则有进气、压缩、做功、排气等步骤，依据步骤循环方式的不同，可分为四冲程与二冲程内燃机。

四冲程内燃机运转时，一个循环中有进气、压缩、做功、排气等4个冲程。进气冲程时，进气阀打开、排气阀关闭，此时气缸有部分是真空状态，汽油和空气的混合气体因此被吸入气缸；压缩冲程中，进气阀与排气阀都关闭，活塞压缩气缸中的混合气体；做

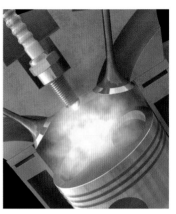

现代车辆的引擎都属于内燃机，由于燃烧与做功都在同一个汽缸内，热效率较高，构造也很轻巧。（图片提供/达志影像）

二冲程的内燃机冲程较少，引擎运转较快，在小型赛车中多半使用二冲程引擎。（图片提供/维基百科）

功冲程时，火花塞点燃混合气体，燃烧产生强大的推力，推动活塞，产生动力；排气冲程中，排气阀打开，将燃烧产生的废气，经由排气阀排放至大气中。

顾名思义，二冲程内燃机的每个循环只有2个冲程。一个冲程是合并了做功与排气，另一个冲程则是合并压缩与进气。

市区常见的机动车大多是四冲程内燃机，由于分为四个冲程，燃料可以充分燃烧，废气较少且较省油。（摄影/巫红霏）

右图：在四冲程的内燃机中，燃料中的化学能经燃烧产生热能，再转变成机械能，使活塞进行反复运动。（插画/穆雅卿）

## 空调

空调内部虽然也有压缩引擎，但原理与蒸汽机、内燃机大不相同。空调的目的是将室内的热移到室外，其中制冷剂是关键物质。制冷剂是非常容易压缩的流体，在常温常压时是气态，施加压力后就会变成液态，而压力解除后，液态再变回气态，同时吸收大量的热。液态的制冷剂在室内机的管路内气化，吸收室内的热气；气化后的制冷剂送到室外机的管路内，由压缩机加压成液态制冷剂，此时管路内的温度高于室外的温度，可经由风扇，再将热气排到室外，如此周而复始，便可达到降低室温的效果。因为夏天时都市内的空调都把热气往外排，因此都市的户外格外闷热。

空调能将屋内的热能排到屋外，但压缩引擎运转时也会产生热能，使得户外格外闷热。（摄影/张君豪）

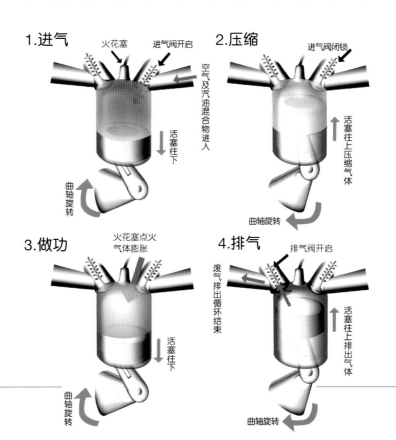

# 热能与自然环境

你相信吗？落在你肩膀上的雨水中的某一个水分子，在数亿年前也可能曾经滴落在暴龙的背上。听起来不可思议，但是地表的水循环现象告诉我们，确实有这个可能！

## 水循环与天气

水的比热大，可以储存大量的热能，经由冰、水、水蒸气三相的变化与循环，地球的温度才能维持稳定。（摄影/巫红霏）

大自然的各种现象都与能量的变化有关，始作俑者往往是太阳的光能，而热能也扮演重要的角色。

地表的水吸收了太阳的热能后，会蒸发变成水蒸气，上飘至大气中。这些水蒸气遇到高空的冷空气，会凝结成小水滴或小冰晶，许多小水滴就聚集成云。当小水滴或小冰晶太大，超过了空气浮力，就会变成雨、雪、霰、冰雹等落至地面，最后又进入湖水、河水、海洋或冰川当中。如此周而复始的循环，就称为地表的水循环。在水循环的过程中，不断地进行吸热与放热，这是维持地表温度较重要的机制。

冰雹在对流层中形成。由于高空的温度低，小水珠在上升过程中凝结成冰，重量大到气流无法承载时，便落到地面。（图片提供/欧新社）

## 全球变暖现象

科学家发现，地球大气层的平均温度在不断增加，过去的120年中至少已增加了0.5℃，而且增加的速率越来越快，如果变暖现象继续发展，地球就会热得不适合生物居住了，而人类活动对全球变暖的现象影响也很大。

太阳光照射地表后，部分热能会以红外线的方式反射回大气层中。大气中有许多种分子，例如水蒸气、二氧化碳、甲烷等，能够吸收地表反射的红外线，气体分子吸收了红外线后，温度会上升。

大气层就像地球上空的一层毯子，将热能留在大气中，这种现象称为温室效应。

许多科学家认为全球变暖是因为空气中形成温室效应的成分增加，其中又以二氧化碳的增加最为显著。原本大气中二氧化碳的浓度可以靠碳循环维持稳定，但是从18世纪工业革命以来，人类大量使用煤、石油等燃料，燃烧产生二氧化碳，使得二氧化碳的浓度不断升高。

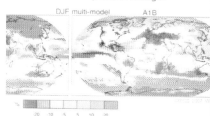

2007年在法国举办的全球气候变迁会议，科学家指出全球变暖的主因是人类活动，并认为本世纪海平面将会持续上升。（图片提供/欧新社）

都市的空气污染和建筑物阻挡，使热辐射无法散失，有如住在温室中，气温比邻近的村落来得高。（图片提供/达志影像）

## 热污染

热污染是指因为人类活动累积的大量热能，使温度增加，影响了生态环境。珊瑚、鱼、虾等水中生物为变温动物，对环境温度的变化非常敏感，因此热污染对它们的危害极大。世界各地都发生过因为工业或发电厂过热的废水，导致附近河、湖或海中生物因热污染而暴毙的事件。

科学家发现，近40年来澳大利亚大堡礁已经有一半的珊瑚消失，原因可能是地球变暖及水域污染。（图片提供/欧新社）

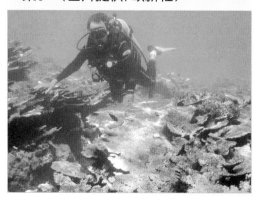

# 英语关键词

| 中文 | 英文 | |
|---|---|---|
| 热 | heat | |

能量　energy

机械能　mechanical energy

电能　electrical energy

电磁能　electromagnetic energy

化学能　chemical energy

核能　nuclear energy

热能　heat energy

动能　kinetic energy

势能　potential energy

热力学　thermodynamics

内能　internal energy

焓　enthalpy

热平衡　thermal equilibrium

功　work

振动　vibration

移动　translation

转动　rotation

温度　temperature

摄氏　Celsius

华氏　Fahrenheit

开氏　Kelvin

绝对零度　absolute zero

温度计　thermometer

焦耳　joule

卡路里　calorie

热传导　thermal conduction

热对流　thermal convection

热辐射　thermal radiation

热传导系数　thermal conductivity

熔点　melting point

沸点　boiling point

蒸发　vaporization

升华　sublimation

潜热　latent heat

相图　phase diagram

比热　specific heat capacity / specific heat

量热仪　calorimeter

化学键　chemical bond

离子键　ionic bond

共价键　covalent bond

键能　bonding energy

放热反应　exothermic reaction

吸热反应　endothermic reaction

绿色建筑　green building

内燃机　internal combustion engine

引擎　engine

二冲程引擎　two stroke engine

四冲程引擎　four stroke engine

空调　air conditioner

水循环　water cycle / hydrologic cycle

地热　terrestrial heat

地温梯度　geothermal gradient

地热发电　geothermal power

大陆漂移学说　Plate Tectonics

温泉　hot spring

玻璃　glass

发光二极体　light emitting diode / LED

电脑风扇　computer fan

红外线光谱仪　infrared spectroscopy

隔热纸　solar film

**1** 能量有各种不同的形式，并能互相转换，请各举出一个实例，说明下列能量形式的转变。

势能转成动能＿＿＿＿＿＿＿

电能转成光能＿＿＿＿＿＿＿

动能转成电能＿＿＿＿＿＿＿

化学能转成热能＿＿＿＿＿＿＿

（答案在06—07页）

**2** 关于人类对热能的运用与研究，下面哪些描述是对的? （多选）

（　）50万年前的北京人就懂得利用火来加热食物。

（　）在文明发展过程中，铁器的冶炼比铜器早。

（　）燃烧各种燃料与电能是现代人类生活中主要的热能来源。

（　）热是一种物质。

（　）培根最早提出热是因为物质粒子运动造成的。

（答案在08—11页）

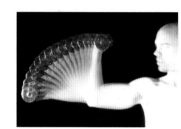

**3** 能量可以做功，焦耳的研究发现1卡的热量能够做4.18焦耳的功。

若物体移动1米是做20.9焦耳的功，需要＿＿＿＿＿＿卡的能量?

该物体移动2米是做＿＿＿＿＿＿焦耳的功，需要＿＿＿＿＿＿卡的热量?

（答案在12—13页）

**4** 现在常用的温标有3种：摄氏以℃表示，华氏以℉表示，开氏以K表示，请写出各种温标中水的沸点与冰点。

水的沸点是＿＿＿＿＿＿℃，＿＿＿＿＿＿℉，＿＿＿＿＿＿K。

水的冰点是＿＿＿＿＿＿℃，＿＿＿＿＿＿℉，＿＿＿＿＿＿K。

（答案14—15页）

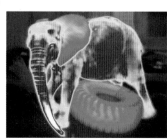

**5** 热的传播方式有3种，连连看，下面这些现象与哪种热的传播方式有关?

热传导·　　·太阳散发的热能传到地球。

热对流·　　·以煤气炉烧开水，整壶水都一起沸腾起来。

热辐射·　　·用金属汤匙舀热腾腾的火锅料，不久整根汤匙都变热了。

（答案在16—21页）

**6** 下列与热有关的性质可以用来判断物质的种类，请写出常温常压下水的数据。

熔点＿＿＿＿＿＿　　沸点＿＿＿＿＿＿
比热＿＿＿＿＿＿　　密度＿＿＿＿＿＿
（答案在22—25页）

**7** 下列的化学反应，哪些是吸热反应，请填上甲；哪些是放热反应，请填上乙。
（　）燃烧木柴
（　）食盐溶解在水中
（　）呼吸作用
（　）铁钉生锈
（　）光合作用
（答案在26—27页）

**8** 人体摄取的热量主要消耗在左列3方面，连连看，右列的事情分别属于哪种热量消耗？

基础代谢·　　　　·走路到学校上学。
　　活动·　　　　·胃中的酶将食物分解成小分子。
食物热效应·　　　·睡着时心脏持续跳动。
（答案在28—29页）

**9** 以下关于热能的应用，哪些描述是正确的，对的打√，错的打×。
（　）蒸汽机是内燃机。
（　）内燃机中产生热能与做机械功的地方相同。
（　）外燃机的热效率比内燃机高。
（　）内燃机的4个冲程为：进气，压缩，做功，排气。
（　）现代常见的交通工具大多使用二冲程的内燃机。
（答案在30—31页）

**10** 在自然界中，哪些现象与水循环有关？
（　）湖水受到太阳照射逐渐蒸发。
（　）水蒸气上升到高空，温度下降，凝结成小水滴。
（　）植物吸收二氧化碳和水，进行光合作用。
（　）冬天寒冷的地区下起暴风雪。
（答案在32—33页）

## ■ 我想知道……

这里有30个有意思的问题，请你沿着格子前进，找出答案，你将会有意想不到的惊喜哦！

**开始！**

什么是地球上最主要的热能来源？ P.06

为什么人类使用铁器比铜器来得晚？ P.08

什么是"建筑"？

为什么红外线又称"热线"？ P.20

为什么液态煤气要装在钢瓶？ P.23

太阳下，为什么沙滩比海水温度高？ P.24

太棒得美牌。

恒星的颜色和什么有关？ P.20

机动车的引擎是内燃机还是外燃机？ P.30

空调为何要添加制冷剂？ P.31

什么是热污染？ P.33

太阳的热能如何传到地球上？ P.20

发烧时一定要赶快退烧吗？ P.29

你和爸爸一起慢跑，谁消耗的热量比较多？ P.29

颁发洲金

太厉害了，非洲金牌也是你的！

为什么地球表面的大陆会漂移？ P.19

为什么湖水通常只有表层结冰？ P.19

水在摄氏几度时密度最大？ P.18

钻石和一个传

"绿色
P.09

为什么摩擦可以
产生热能?
P.11

1卡的热量可以做
多少焦耳的功?
P.13

不错哦，你已前
进5格。送你一
块亚洲金牌！

了，赢
洲金

水和铁相比，
哪一个比较容
易加热?
P.25

哪一种材质
的锅子加热
最快?
P.25

为什么许多电器的
设计要求电阻小?
P.13

伽利略根据什么原
理来做温度计?
P.14

太好了！
你是不是觉得：
Open a Book！
Open the World！

为什么暖宝宝
可以放热?

P.27

液晶温度计是根据
什么来判定体温?
P.14

大洋
牌。

睡觉时，身体有
耗能量吗?

P.28

哪一类的食物
热量最高?

P.28

℃、℉、K，哪一
个温标是基本国际
单位之一?
P.15

铁，哪
热快?

P.16

为什么锅铲的握
柄材料通常是木
材或塑胶?
P.16

获得欧洲金
牌一枚，请
继续加油！

绝对零度到底是摄
氏几度?

P.15

# 图书在版编目（CIP）数据

热与能量：大字版 / 李玉梅撰文 . —北京：中国盲文
出版社，2014.8
　（新视野学习百科；51）
　·ISBN 978-7-5002-5284-9

　Ⅰ . ①热… Ⅱ . ①李… Ⅲ . ①热能—青少年读物
Ⅳ . ① TK11-49

中国版本图书馆 CIP 数据核字 (2014) 第 180813 号

原出版者：暢談國際文化事業股份有限公司
著作权合同登记号 图字：01-2014-2080 号

## 热 与 能 量

撰　　　文：李玉梅
审　　　订：陈炳辉
责任编辑：亢　淼　樊亚梦
出版发行：中国盲文出版社
社　　　址：北京市西城区太平街甲 6 号
邮政编码：100050
印　　　刷：北京盛通印刷股份有限公司
经　　　销：新华书店
开　　　本：889×1194　1/16
字　　　数：33 千字
印　　　张：2.5
版　　　次：2014 年 12 月第 1 版　2014 年 12 月第 1 次印刷
书　　　号：ISBN 978-7-5002-5284-9 / TK·64
定　　　价：16.00 元
销售热线：（010）83190288 83190292

版权所有　侵权必究

绿色印刷　保护环境　爱护健康

亲爱的读者朋友：

　　本书已入选"北京市绿色印刷工程—优秀出版物绿色印刷示范项目"。它采用绿色印刷标准印制，在封底印有"绿色印刷产品"标志。

　　按照国家环境标准（HJ2503-2011）《环境标志产品技术要求 印刷 第一部分：平版印刷》，本书选用环保型纸张、油墨、胶水等原辅材料，生产过程注重节能减排，印刷产品符合人体健康要求。

　　选择绿色印刷图书，畅享环保健康阅读！

北京市绿色印刷工程